Image dupliquée de la lune à l'horizon

I0105637

Peter D. Geldart

Membre, SRAC

Traduit de l'anglais par Google Translate

Image dupliquée de la lune à l'horizon

Peter D. Geldart
membre, SRAC
geldartp@gmail.com

Traduit de l'anglais par Google Translate

Environ 3 600 mots
32 pages
10 x 15 cm

Arial 8
Courier New 14, 18
Times New Roman 10, 11

2025

Petra Books
MBO Coworking
78, rue George, bureau 204
Ottawa (Ontario) K1N 5W1, Canada

Couverture : Cette séquence photographique montre un
lever de lune déformé et flamboyant au-dessus du parc
d'État Two Lights, à Cape Elizabeth, dans le Maine, en
janvier 2013. Photographe : John Stetson. Auteurs : John
Stetson ; Jim Foster.

Publié initialement, en partie, dans The Strolling Astronomer,
vol. 67, n° 2, p. 73, 2025, revue de l'Association of Lunar
and Planetary Observers.

Résumé

La cause de l'image inférieure observée à l'horizon lors du coucher/lever de la Lune et du Soleil est examinée. Des observations de couchers de Lune sur un horizon d'eau ont montré une image dupliquée en dessous. Ce phénomène est appelé effet vase étrusque ou effet Oméga en raison de sa forme. Un modèle de réfraction suggère que la lumière provenant de la Lune géométrique au-delà de l'horizon traverse des couches d'air de température et de densité différentes pour se courber vers l'observateur. Cependant, cela ne suffit pas à expliquer l'image inférieure ascendante, qui est robuste et ne ressemble pas à un mirage. L'auteur examine dans quelle mesure la réfraction, la réflexion ou la gravitation jouent un rôle dans son apparition.

Note de l'éditeur : Pour étudier ce phénomène, il est bien plus approprié d'observer la Lune plutôt que le Soleil, car elle permet d'observer plus de détails et sa descente est légèrement plus lente en raison de son orbite vers l'est ; l'observation du Soleil requiert une attention particulière et une filtration appropriée, sous peine de lésions oculaires permanentes.

Geldart

Lorsque l'on se trouve au bord d'une vaste étendue d'eau ou d'un terrain plat, la distance jusqu'à l'horizon est d'environ 5 km [1]. La clarté des étoiles et des planètes est réduite à l'horizon et elles apparaissent plus hautes qu'elles ne le sont en réalité, car leur lumière a été réfractée au-delà de l'horizon. C'est également le cas de la Lune ou du Soleil, qui peuvent en outre apparaître aplatis, avec un décalage chromatique vers les longueurs d'onde plus longues (orange-rouge), car les longueurs d'onde plus courtes ont été diffusées lorsque la lumière traverse une atmosphère plus importante qu'au zénith ou à altitude modérée. Souvent, si les conditions sont claires au-dessus d'une étendue d'eau étendue et que le point d'observation est proche de la surface, au moment où la Lune ou le Soleil s'approche de l'horizon, un bord distinct et robuste apparaît en contrebas, tel un reflet, et les images fusionnent. Je décris mes observations et propose que la réfraction atmosphérique à elle seule ne constitue pas une explication suffisante.

---

1 L'une des nombreuses références concernant le calcul de la distance à l'horizon est celle de Mathew Conroy. https://sites.math.washington.edu/~conroy/m120-general/horizon.pdf

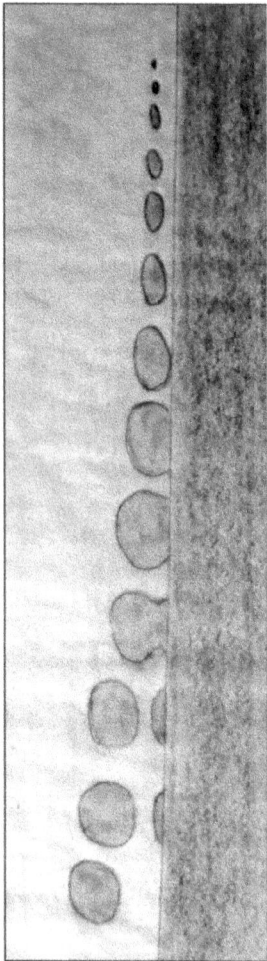

Figure 1. Une Lune gibbeuse descend sur le lac Ontario tandis qu'une image s'élève en dessous. Les mêmes mers s'étendent verticalement sur les deux images. La Lune est l'image inférieure, tandis que les disques fusionnent et s'amenuisent jusqu'à atteindre zéro au-dessus de l'horizon. La personne assise se trouve à environ 1 m au-dessus de l'eau, regardant vers le sud-ouest depuis le comté de Prince Edward, en Ontario, au Canada, à 5 h du matin (heure locale) le 19 septembre 2021. Séquence temporelle composite de l'auteur (le mouvement est vertical et non horizontal peu après observation aux jumelles

Observations

À de nombreuses reprises, j'ai observé une Lune gibbeuse se coucher sur un grand lac, idéal pour observer l'horizon, car il n'y a ni houle ni vagues prononcées comme sur l'océan. Cela m'a permis d'observer une image dupliquée se levant d'en bas. Cette « Lune » dupliquée a des dimensions et une couleur similaires à celles de la Lune ci-dessus, et monte à la même vitesse que la Lune descend (environ sa largeur en deux minutes, vue depuis ma latitude de 44° N). L'image inférieure[2] Il s'agit du bord inférieur inversé de la Lune géométrique réelle, au-delà de l'horizon. Ceci est illustré par le fait que les mêmes mers, situées sur la partie inférieure de la Lune, se trouvent également sur le bord inférieur. Si, en position assise, mes yeux se trouvent à environ 1 m au-dessus de l'eau, les images fusionnent instantanément et un ovale diminue de taille pour « disparaître » sur une ligne à environ 5 minutes d'arc au-dessus de l'horizon (Figure 1).

---

2 L'expression « image inférieure » fait référence à une image située en dessous d'une « image supérieure », dans ce cas l'image supérieure est la Lune entière juste au-dessus de l'horizon.

En position debout, à environ 2 m au-dessus de l'eau, on peut également voir une image inférieure, mais l'angle n'est pas suffisamment bas pour observer l'horizon fantôme surélevé (bien qu'il existe toujours une ligne de pliage à la première rencontre des deux images). La forme fusionnée descend sous l'horizon (Figure 2). Dans le cas précédent, où le niveau des yeux était d'environ 1 m (l'horizon étant alors distant d'environ 4 km1 - Figure 1), la forme fusionnée s'éloigne jusqu'à zéro sur l'horizon fantôme, un spectacle que d'autres observateurs légèrement plus élevés ne peuvent pas voir. L'annexe contient une liste d'observations réalisées par d'autres, récupérées sur Internet, qui montrent ou non cet effet. Je n'ai pas trouvé de cas au-dessus de la terre ferme, mais l'absence de preuve n'est pas une preuve d'absence. Cette absence d'effet au-dessus de la terre ferme pourrait s'expliquer par le fait que, lors de l'observation au-dessus de la terre ferme, l'élévation des irrégularités de surface sur les 5 km jusqu'à l'horizon suffit, même sur un terrain très plat, à masquer les premiers mètres d'atmosphère à travers lesquels l'observation est effectuée. …

Figure 2. Cette composition représente une lune se couchant avec une image dupliquée de la lune montante à l'horizon du lac Ontario. La personne debout se trouve à environ 2 m au-dessus de l'eau, regardant vers le sud-ouest depuis le comté de Prince Edward, en Ontario, au Canada, à 3 h du matin (heure locale) le 10 septembre 2019. (Croquis

la lumière produisant l'image inférieure doit passer.[3]

Cependant, en observant une étendue d'eau calme, on peut observer l'effet grâce à de petites irrégularités de surface (par exemple, des vagues). Cependant, il arrive que l'effet ne soit pas visible au-dessus de l'eau, soit parce que les vagues sont trop grosses, soit parce que la vue est trop élevée.

---

3 Young, A.T. (2005). Mirages inférieurs : un modèle amélioré, Applied Optics, v. 54, n. 4, p. B173. « Les plus petites inégalités du sol ont une influence très sensible sur le phénomène, en interceptant les trajectoires les plus basses… », citant J. B. Biot, Recherches sur les réfractions extraordinaires qui ont lieu près de l'horizon. Garnery 1810. https://pubmed.ncbi.nlm.nih.gov/25967823

Qu'est-ce que la réfraction ?

À mesure que l'on s'approche de la surface terrestre, l'atmosphère devient de plus en plus dense sous la pression de son poids (la température ayant également un effet inverse sur la densité). Lorsque la lumière astronomique pénètre dans des couches d'air de densité différente selon un angle, sa direction et sa vitesse changent. Selon la loi de Snell[4] Lorsque la lumière pénètre dans un air plus frais et plus dense, elle ralentit et se courbe perpendiculairement à la limite entre les couches d'air. Lorsqu'elle pénètre dans un air plus chaud et plus raréfié, elle se déplace plus rapidement et se courbe. Dans ces situations, la lumière est réfractée.

---

4 Willebrord Snellius (1580–1626), astronome néerlandais, dont les travaux en optique furent préfigurés par les philosophes antiques et influencèrent Descartes, Fermat, Huygens, Maxwell et d'autres. La loi de Snell définit la relation entre l'angle d'incidence et l'angle de réfraction lorsque la lumière traverse différents milieux. https://en.wikipedia.org/wiki/Snell's_law

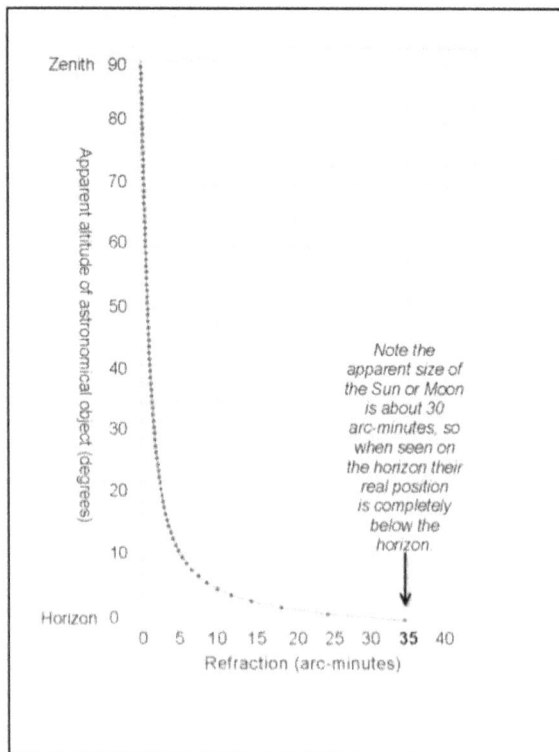

Figure 3. Graphique illustrant l'augmentation de la réfraction avec la diminution de l'altitude, d'après les travaux de Bennett, 1982 (https://en.wikipedia.org/wiki/Atmospheric_refraction) et McNish, 2007 (https://calgary.rasc.ca/horizon.htm). La pression atmosphérique et la densité présentent des courbes similaires. Diagramme de l'auteur.

Lorsque votre regard est tourné vers l'horizon, la lumière astronomique traverse davantage d'atmosphère et s'approche des couches d'air sous un angle plus plat que si elle venait du zénith. [5] et l'effet de réfraction est accentué (Figure 3).

Cependant, le phénomène d'image inférieure de la Lune ou du Soleil à l'horizon diffère des mirages scintillants, qui dépendent de la disposition locale des couches d'air de températures différentes (généralement de l'air froid sur de l'air chaud, la surface terrestre réchauffant l'air adjacent, ou inversement, une inversion de l'air chaud sur de l'air froid). La lumière provenant de distances astronomiques, en revanche, traverse toute l'atmosphère et se courbe vers la surface en raison d'une augmentation de densité avec l'altitude, comme le décrit Simanek :

5« La réfraction atmosphérique de la lumière d'une étoile est nulle au zénith, inférieure à 1′ (une minute d'arc) à 45° d'altitude apparente, et toujours seulement de 5,3′ à 10° d'altitude ; elle augmente rapidement à mesure que l'altitude diminue [et que la densité augmente], atteignant 9,9′ à 5° d'altitude, 18,4′ à 2° d'altitude, et 35,4′ à l'horizon… »
https://en.wikipedia.org/wiki/Atmospheric_refraction

Simanek (2021) :

« L'atmosphère agit comme une immense lentille qui enveloppe la Terre. Elle nous permet de voir autour de sa courbure. Cette réfraction est due à la diminution de la densité atmosphérique avec l'altitude… [et] est constante et omniprésente. Il ne faut pas la confondre avec le phénomène optique localisé et temporaire dû aux inversions de température près du sol. »

https://dsimanek.vialattea.net/flat/round-spin.htm

et McLinden (1999) :

« Pour la lumière se propageant dans l'atmosphère terrestre et passant de l'air de faible densité à l'air de plus forte densité, [alors], selon la loi de Snell, le trajet parcouru par la lumière est courbé vers la surface. »

https://www.nlc-bnc.ca/obj/s4/f2/dsk2/tape15/
PQDD_0025/NQ33542.pdf#page=90 (page 71)

La Lune et le Soleil à l'horizon constituent un cas particulier car, par coïncidence, vus de la Terre, leurs disques semblent avoir la même taille (environ 30 minutes d'arc).[6] Comme on le voit lors d'une éclipse solaire. C'est aussi une coïncidence si notre atmosphère a une densité près de la surface qui lui confère une réfraction d'environ 35 minutes d'arc. Ainsi, une image de 30 minutes d'arc à l'horizon doit avoir été réfractée depuis l'horizon : lorsque vous voyez la Lune haut dans le ciel et à altitude modérée, c'est sa position réelle, mais à mesure qu'elle se rapproche de l'horizon, elle se déplace très progressivement jusqu'à ce que, à l'horizon, vous voyiez une image complètement réfractée par rapport à la Lune géométrique réelle située sous l'horizon..[7]

---

6 La Terre tourne autour du Soleil (dont le diamètre est de 1,4 million de kilomètres) à une distance moyenne d'environ 150 millions de kilomètres ; la Lune (dont le diamètre est de 3 400 kilomètres) tourne autour de la Terre à une distance moyenne d'environ 384 000 kilomètres. Ces chiffres signifient que, vus de la Terre, les disques lunaire et solaire semblent avoir à peu près la même taille.

7 L'une des nombreuses présentations sur la réfraction est https://britastro.org/node/17066
(British Astronomical Association).

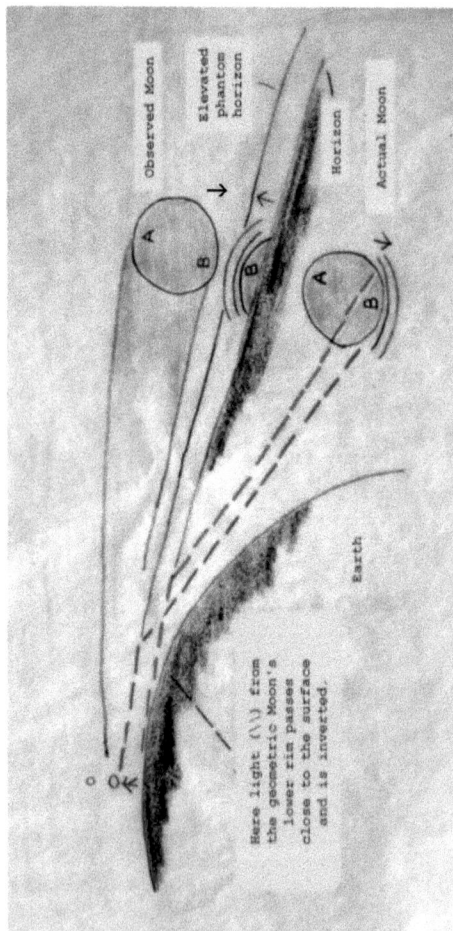

Figure 4. La Lune couchante. La lumière de la Lune géométrique réelle au-delà de l'horizon (en bas) engendre à la fois la Lune observée (en haut) et un bord inférieur ascendant inversé. L'échelle n'est pas respectée. (Croquis de l'auteur).

L'image inférieure

Voici trois explications possibles à l'apparition de l'image inférieure.

(1) Réfraction au-dessus de l'horizon.

On peut raisonnablement dire que l'image de la Lune juste au-dessus de l'horizon est produite par la réfraction de la lumière de la Lune géométrique au-delà de l'horizon, due à une augmentation de la densité atmosphérique avec la diminution de l'altitude. Ensuite, la Lune, invisible, se déplace davantage vers l'ouest par rapport à l'horizon (bien que les deux progressent vers l'est) [8], La lumière provenant de son bord inférieur (B sur la figure 4) passe très

---

8 Les mots « lever de lune » et « coucher de lune » sont des figures de style. La Terre tourne vers l'est à environ 1 700 km/h (à l'équateur), mettant une journée pour effectuer une révolution ; la Lune orbite autour de la Terre vers l'est à environ 3 600 km/h (par rapport à la Terre), parcourant sa largeur (30 minutes d'arc) en deux minutes par rapport aux étoiles en arrière-plan, vue depuis nos latitudes moyennes, et mettant un mois pour effectuer une orbite. Résultat : la Lune accuse un retard d'environ 50 minutes par jour sur la Terre dans sa progression vers l'est et ne semble se déplacer qu'en sens inverse : se lever à l'est et se coucher à l'ouest. Autrement dit, l'horizon terrestre rattrape et dépasse l'image de la Lune.

près de la surface et s'inverse pour apparaître comme s'élevant à l'horizon (lignes pointillées). Le bord inférieur s'élève car il suit l'inverse de la Lune apparente qui « descend » par rapport à l'horizon.

Un modèle de réfraction explique la Lune apparente ci-dessus, mais présente des faiblesses expliquant l'image inférieure. Les rayons traversant des couches d'air de températures différentes près de la surface scintilleraient comme un mirage, mais l'image inférieure est nette et précise. L'image inférieure ne se déforme pas non plus entre l'horizon et la ligne de pliage où elle rencontre la Lune descendante ; la réfraction, maximale à l'horizon, ne semble donc pas jouer un rôle. De plus, si une image inférieure est toujours observée d'un point de vue bas au-dessus d'une étendue d'eau étendue par temps clair, l'effet serait indépendant des couches de température proches de l'observateur et à l'horizon, qui varieraient selon le moment et l'endroit.

(2) Réflexion sur l'eau au-delà de l'horizon.

Cette hypothèse concernant la cause de l'image inférieure ascendante (puisqu'elle se comporte exactement comme un reflet de la Lune descendante) pourrait être testée en effectuant des observations séparées de la Lune couchante près de l'horizon, par temps clair, au-dessus de différentes étendues d'eau atteignant la terre ferme à différentes distances au-delà de l'horizon. Si la terre ferme à une certaine distance (par exemple, 10 km) au-delà de l'horizon empêche l'apparition de l'image inférieure (plusieurs observations seraient nécessaires pour le vérifier), alors la présence d'eau à cette distance est nécessaire. Cela impliquerait que lorsqu'une image inférieure apparaît au-dessus d'une étendue d'eau libre, la lumière de la Lune géométrique se réfléchit sur l'eau au-delà de l'horizon à cette distance, et que la présence de couches d'air de températures différentes n'est pas pertinente. Imaginez que l'horizon fantôme sur lequel les images se rencontrent puis disparaissent sur la figure 1 soit une vue de la surface d'une eau lointaine élevée par réfraction.

On pourrait également tester la situation au-dessus d'une terre plate où il y a de l'eau au-delà de la terre ferme et de l'horizon : si cet effet se produit, cela confirmerait la réflexion, puisqu'il n'y a vraisemblablement aucun effet lorsque la vue est uniquement au-dessus de la terre ferme. Cependant, cette hypothèse de réflexion peut être globalement remise en question, car une image réfléchie par l'eau serait miroitante et indistincte, alors que l'image inférieure est toujours distincte. Bien entendu, toute observation de l'effet sur la terre ferme (sans eau) exclut la réflexion et invaliderait cette théorie.

(3) Le puits gravitationnel de la Terre.

La lumière de la Lune doit suivre la courbe de l'espace-temps terrestre, qui s'étend bien au-delà de la Lune jusqu'au centre de la Terre, sans parler du puits gravitationnel de la Lune elle-même, qui est ici enchevêtré et atteint au moins l'autre côté de la Terre, comme le démontrent les marées océaniques. La valeur de l'attraction gravitationnelle terrestre est très faible [9, 10], Mais l'hypothèse ici est que la lumière passant très près de la surface subit un effet plus important, se courbe avec la surface et est inversée, comme on le voit, c'est-à-dire du point de vue d'un observateur également proche de la surface. (Figure 4)

Quels tests pourraient être conçus pour étayer cette hypothèse ?

Nous pourrions étudier la position d'une étoile, qui peut être différente à différents

---

9 « À la surface de la Terre, la force [« de courbure de l'espace et du temps »] est $Gm/rc2$ … ~ 10−9 [0,000 000 001]. Cette valeur minuscule est l'angle de courbure (en radians). » Sanjoy Mahajan, Génie électrique et informatique, Massachusetts Institute of Technology. https://web.mit.edu/6.055/old/S2009/notes/bending-of-light.pdf#page=6 (page 116).

10 Le Soleil a une masse environ 300 000 fois supérieure à celle de la Terre, ce qui induit une courbure de l'espace-temps bien plus importante. Le scientifique britannique Eddington s'est notamment attaché à prouver l'hypothèse d'Einstein selon laquelle la lumière se courbe autour des masses importantes. En 1919, ses équipes se sont rendues dans deux régions tropicales pour observer une éclipse solaire. Elles ont pu démontrer une déviation de la position des étoiles de l'amas des Hyades, très proches du bord du Soleil, par rapport à leur position dans un ciel nocturne sombre. ctc.cam.ac.uk/news/190722_newsitem.php

moments, à condition qu'elles se trouvent à la même altitude basse, près de l'horizon. Il y aurait certainement des interférences atmosphériques, mais l'objectif est de mesurer tout déplacement dû au puits gravitationnel de la Terre. En pratique, cela reviendrait à observer, depuis la surface, au-dessus d'un terrain plat, la position des étoiles à différentes saisons et à différentes latitudes (équateur, cercle polaire arctique, etc.) afin d'obtenir diverses situations où l'air froid est au-dessus de l'air chaud et vice versa. Un autre facteur est la variation globale de la température de l'atmosphère, qui affecte la profondeur de la troposphère. Celle-ci augmente depuis le sol jusqu'à environ 7 km aux pôles (air froid) et jusqu'à 15 km à l'équateur (air chaud). La position observée de l'étoile serait comparée à sa position calculée, un calcul qui prend en compte l'heure, la période de l'année et la latitude, sans tenir compte de la réfraction.

Prenons la position d'une étoile à une altitude choisie très proche de l'horizon, par exemple dans une zone arctique hivernale, puis celle de toute autre étoile à la même altitude dans une zone tropicale. Si les positions observées des étoiles sont modifiées de la même manière par rapport aux positions calculées dans les deux cas, l'effet des couches d'air de températures différentes n'interviendrait pas dans ce déplacement supplémentaire. On pourrait tout aussi bien exclure la réfraction : la lumière se déviant à travers l'atmosphère vers la surface de la Terre en raison de l'augmentation de la densité avec la diminution de l'altitude, car la variation de densité avec l'altitude serait différente dans les conditions arctiques et équatoriales, ce qui affecterait différemment la lumière provenant de l'horizon. Ainsi, si les positions des étoiles que nous examinons sont modifiées de la même manière dans les deux cas, cette modification devrait être due à autre chose qu'à des variations de température ou de densité atmosphériques (le gradient de température), et ce facteur pourrait être la lumière suivant la courbe du puits gravitationnel de la Terre.

Conclusion

J'ai parlé de la Lune ou du Soleil se couchant à l'ouest, mais cela pourrait tout aussi bien s'appliquer à ces corps célestes se levant à l'est.

Pour être clair, les objets astronomiques observés vers le zénith et à des altitudes modérées ne sont pas réfractés en raison d'une augmentation de la densité atmosphérique avec la diminution de l'altitude, car la densité augmente très rapidement (de près de zéro à 20 km d'altitude à environ 1,2 kg/m³ au niveau de la mer).[11] Cependant, les objets astronomiques tels que la Lune ou le Soleil, observés à basse altitude et près de l'horizon, sont réfractés et projetés au-delà de l'horizon (mais non inversés). L'image inférieure inversée, parfois observée à l'horizon, n'est pas réfractée car elle est trop étroite pour être affectée par une diminution de densité avec l'altitude. Il s'agit néanmoins d'une image du bord de la Lune géométrique projetée au-delà de l'horizon. C'est

---

[11] en.wikipedia.org/wiki/International_Standard_Atmosphere

cette image inférieure qui nécessite une
explication.

Avec un modèle de réfraction, on s'attendrait
à ce que les images à l'horizon soient miroitantes
et semblables à des mirages en raison de la
lumière traversant des couches d'air de
températures différentes, mais ce n'est pas la
caractéristique de l'image inférieure. La
proposition gravitationnelle alternative permet
d'obtenir une image inférieure qui (i) est plus
distincte et plus robuste qu'un mirage, (ii) se
produit dans de nombreuses situations
indépendamment des couches de température
locales et (iii) ne se déforme pas à l'horizon,
même avec la forte réfractivité de cette zone.
L'hypothèse est que, lorsqu'on observe l'horizon
au-dessus d'une étendue d'eau depuis un point
d'observation proche de la surface, l'observateur
perçoit la lumière provenant du bord de la Lune
géométrique qui est passée près de la surface et
qui est inversée par la courbure de l'espace-
temps autour de la Terre, indépendamment de la
température ou de la densité atmosphérique.
Comme le phénomène n'est visible que depuis
un point d'observation bas, surplombant une
surface plane jusqu'à l'horizon, cela souligne

également l'importance de la perspective de l'observateur.

Les travaux de terrain mentionnés précédemment seraient nécessaires pour étayer ou infirmer les hypothèses de réflexion et de gravitation. Si elles sont rejetées, il faudrait reconsidérer comment la réfraction peut produire l'image inférieure. Quelle que soit l'explication (réfraction, réflexion, gravitation), le principe de base reste valable :

(a) pour tout observateur, quelle que soit son altitude, l'image de la Lune approchant l'horizon est engendrée par la lumière de la Lune géométrique, invisible, réfractée à travers l'atmosphère en raison d'une augmentation de densité liée à la diminution de l'altitude, et

(b) pour l'observateur proche de la surface observant une étendue d'eau étendue, il voit également la Lune réfractée, mais il peut également voir une image inférieure ascendante (inversée) produite par la lumière provenant du bord de la Lune géométrique, qui a suivi de près la courbure de la surface de la Terre pour atteindre sa position.

Image dupliquée de la lune à l'horizon

Appendice

Observations par d'autres du lever ou du coucher de la Lune ou du Soleil.

AVEC L'EFFET D'IMAGE INFÉRIEURE

* Éclipse de Soleil
Elias Chasiotis, décembre 2019
Qatar
Éclipse exceptionnelle lors d'un lever de Soleil et d'un lever de Lune au-dessus de l'océan.
https://apod.nasa.gov/apod/ap191228.html

* Couchers de soleil
George Kaplan, août 1999
Caroline du Nord, États-Unis
Océan protégé (vagues et houles moins prononcées).
Commentaire de A.T. Young
https://aty.sdsu.edu/explain/simulations/inf-mir/Kaplan_photos.html

* Lever de Soleil
Rob Bruner, novembre 2009
Mexique. Au-dessus de l'océan
https://epod.usra.edu/blog/2009/12/omega-sunrise.html

* Lever de soleil
Luis Argerich, septembre 2011
Argentine. Au-dessus de l'océan
https://epod.usra.edu/blog/2011/11/omega-sunrise-from-buenos-aires.html

* Lever de lune
John Stetson, janvier 2013
Maine, États-Unis. Au-dessus de l'océan
https://epod.usra.edu/blog/2013/02/omega-moon-over-cape-elizabeth-maine.html

* Coucher de lune
Alex Berger, octobre 2012
Manitoba, Canada
Océan protégé (baie d'Hudson), même avec de la brume.
https://flickr.com/photos/virtualwayfarer/8185226155

* Coucher de soleil
Michael Myers, 2002
Cap Hatteras, Caroline du Nord, États-Unis
Au-dessus du détroit de Pamlico
https://atoptics.co.uk/atoptics/sunmir2.htm

AUCUN EFFET

* Lever de lune
Alan Dyer, septembre 2020
Prairie de l'Alberta, Canada
Les irrégularités sur un terrain plat obscurcissent les
premiers mètres de l'atmosphère, où une image de qualité
inférieure serait obtenue.
https://vimeo.com/465032138

* Coucher de lune
Vladimir Scheglov, avril 2018
Toundra enneigée du nord-est de la Russie
Les irrégularités sur un terrain plat obscurcissent les
premiers mètres de l'atmosphère, où une image de qualité
inférieure serait obtenue.
https://esplaobs.blogspot.com/2018/04/moon-and-wolf-
taken-by-vladimir.html

* Coucher de soleil
XtU, décembre 2009
Au-dessus de l'eau. L'auteur a également observé des
couchers de soleil orange foncé au-dessus de l'eau, sans
aucun effet.
https://en.wikipedia.org/wiki/File:Sunset_Time_Lapse_31-12-
2009.ogv

Geldart

Remarque : Les URL de ce document ont été vérifiées en avril 2025.

www.ingramcontent.com/pod-product-compliance
Lightning Source LLC
Chambersburg PA
CBHW052125030426

42335CB00025B/3119